안 쌤의 사

초등

칠교판
퍼즐

부록

※ 색종이와 칠교판(103쪽), 직각 알아보기(105쪽)를 학습에 활용해 보세요.

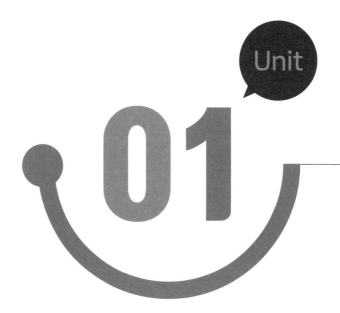

Unit

01

칠교판

| 도형 |

칠교판을 알아봐요!

칠교판 만들기 | 도형 |

다음과 같은 <방법>으로 색종이를 잘라서 칠교판을 만들어 보세요.

※ 부록 색종이(103쪽)를 학습에 활용해 보세요.

방법

① 색종이를 반으로 접어서 자릅니다.

② ①에서 만든 삼각형 중 하나를 반으로 접어서 자릅니다.

③ ①에서 만든 다른 삼각형의 가장 긴 변의 중앙과 꼭짓점이 만나도록 접어서 자릅니다.

④ 자른 도형 중 큰 도형을 반으로 접어서 자릅니다.

⑤ ④에서 만든 사각형 중 하나를 접어서 자릅니다.

⑥ ④에서 만든 다른 사각형을 접어서 자릅니다.

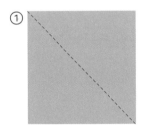

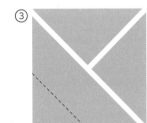

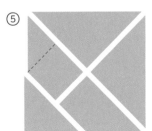
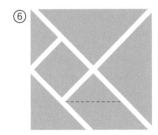

칠교판 조각에 대해 설명해 보세요.

- ⊙ 칠교판 조각은 모두 ⬜ 개입니다.

- ⊙ 칠교판 조각에는 삼각형이 ⬜ 개 있습니다.

- ⊙ 칠교판 조각에는 사각형이 ⬜ 개 있습니다.

정답 ▶ 86쪽

02 크기 비교하기 | 도형 |

제시된 칠교판 조각의 크기를 1이라 할 때, 각 조각의 크기는 제시된 조각의 크기의 몇 배인지 구해 보세요.

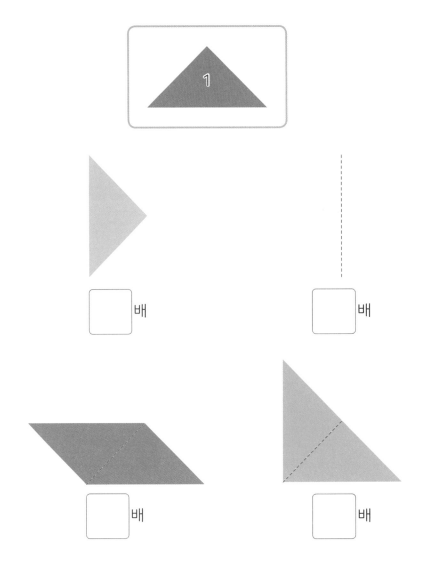

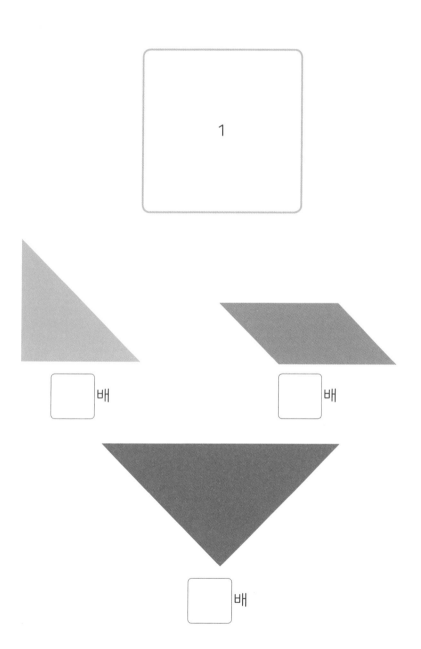

1

배

배

배

03 사각형 만들기 | 도형 |

제시된 칠교판 3조각을 한 번씩 모두 이용하여 주어진 사각형을 완성해 보세요.

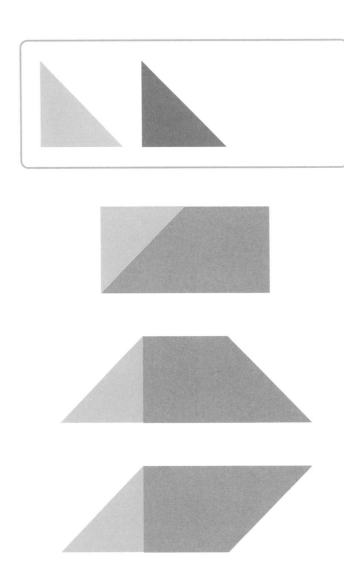

칠교판 조각으로 도형을 만들 때 꼭짓점만 맞닿도록 붙이면 안 돼요.
변이 서로 맞닿아 조각이 서로 떨어지지 않게 붙여야 해요.

Unit
01

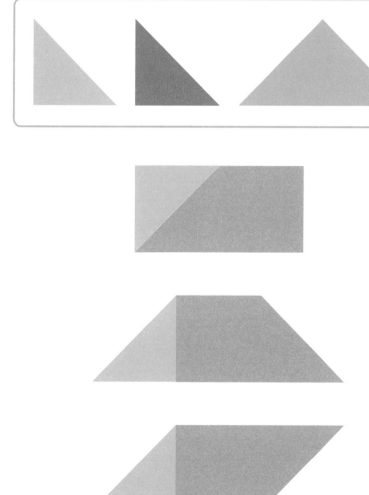

04 오각형 만들기 | 도형 |

제시된 칠교판 3조각을 한 번씩 모두 이용하여 오각형을 만들어 보세요.

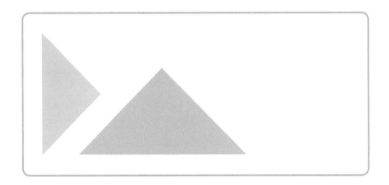

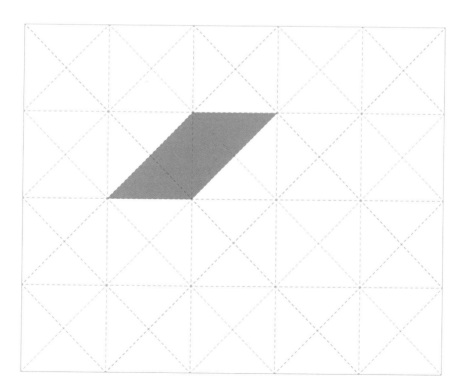

정답 » 87쪽

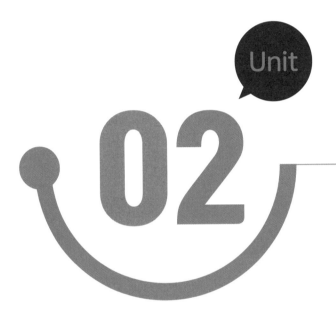

모양 만들기

| 창의성 |

칠교판으로 **여러 가지 모양**을 만들어 봐요!

01 모양 만들기 | 창의성 |

칠교판 조각을 한 번씩 모두 이용하여 사람 모양을 완성해 보세요.

칠교판 조각을 한 번씩 모두 이용하여 탑 모양을 완성해 보세요.

정답 ⊗ 88쪽

Unit
02

02 동물 모양 만들기 | 창의성 |

칠교판 조각을 한 번씩 모두 이용하여 고양이 모양을 완성해 보세요.

칠교판 조각을 한 번씩 모두 이용하여 동물 모양을 한 가지 만들어 보
세요.

◉ 내가 만든 동물 모양: _____

정답 ▶ 88쪽

03 탈것 모양 만들기 | 창의성 |

칠교판 조각을 한 번씩 모두 이용하여 배 모양을 완성해 보세요.

칠교판 조각을 한 번씩 모두 이용하여 탈것 모양을 한 가지 만들어 보세요.

◉ 내가 만든 탈것 모양: _____

정답 ◈ 89쪽

숫자 모양 만들기 | 창의성 |

칠교판 조각을 한 번씩 모두 이용하여 숫자 1 모양을 완성해 보세요.

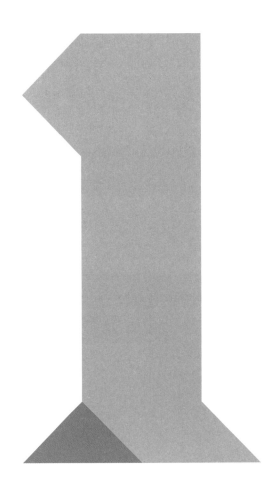

칠교판 조각을 한 번씩 모두 이용하여 숫자 모양을 한 가지 만들어 보세요.

◉ 내가 만든 숫자 모양:

_____

정답 ⟫ 89쪽

03

평면도형

| 도형 |

평면도형을 알아봐요!

직각 알아보기 | 도형 |

※ 부록 직각 알아보기(105쪽)를 학습에 활용해 보세요.

다음과 같이 종이를 반듯하게 두 번 접었습니다. 빈칸에 알맞은 말을 써넣어 보세요.

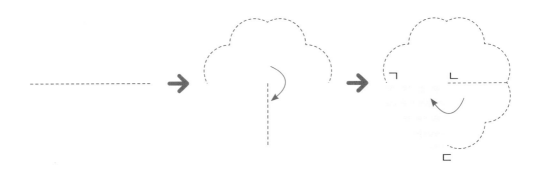

◉ 위와 같이 종이를 접었을 때 생기는 각 ㄱㄴㄷ을 [   ]이라 합니다.

◉ 직각 ㄱㄴㄷ을 나타낼 때에는 꼭짓점 [   ]에 ⌐ 표시를 합니다.

도형에서 직각을 모두 찾아 ⌐ 로 표시해 보세요.

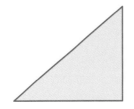  

도형에서 직각을 찾아 ┗ 로 표시하고, 도형을 분류해 보세요.

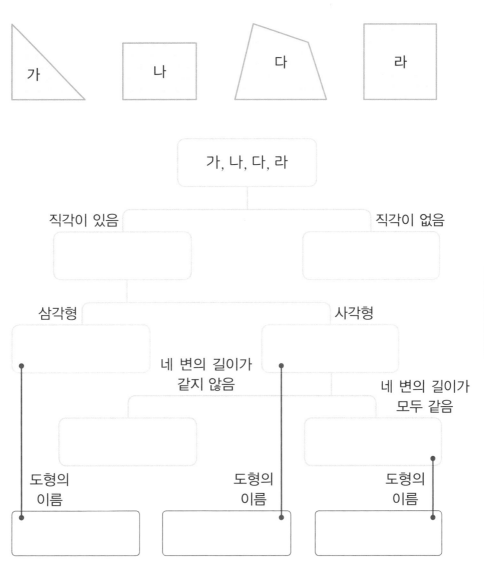

가 나 다 라

가, 나, 다, 라

직각이 있음   직각이 없음

삼각형   사각형

네 변의 길이가
같지 않음

네 변의 길이가
모두 같음

도형의   도형의   도형의
이름   이름   이름

정답 ≫ 90쪽

Unit
03

직각삼각형 | 도형 |

서로 다른 칠교판 4조각을 한 번씩만 이용하여 크기가 다른 직각삼각형을 각각 한 가지씩 만들어 보세요.

⦿ 방법 1

⦿ 방법 2

서로 다른 칠교판 5조각을 한 번씩만 이용하여 직각삼각형을 만들어 보세요.

위에서 만든 직각삼각형과 크기가 같은 직각삼각형을 서로 다른 칠교판 2조각을 한 번씩만 이용하여 만들려고 합니다. 어떤 조각으로 만들 수 있는지 설명해 보세요.

정답 ▷ 90쪽

직사각형과 정사각형 | 도형 |

서로 다른 칠교판 5조각과 6조각을 한 번씩만 이용하여 크기가 같은 직사각형을 각각 만들어 보세요.

◉ 5조각

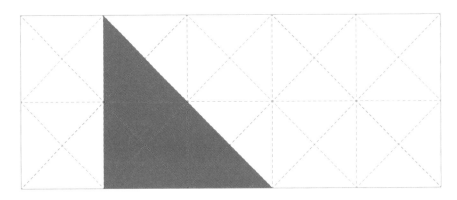

◉ 6조각

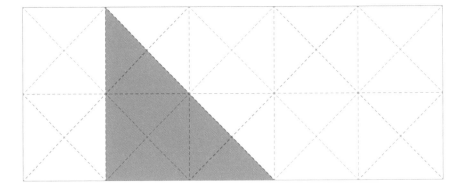

서로 다른 칠교판 5조각을 한 번씩만 이용하여 정사각형을 만들어 보세요.

정답 ≫ 91쪽

? 위에서 만든 모양이 직사각형인지 아닌지 쓰고, 그 이유를 설명해 보세요.

04 크고 작은 도형의 수 | 도형 |

다음은 칠교판 조각으로 만든 직사각형입니다. 이 모양에서 찾을 수 있는 크고 작은 직사각형의 개수를 구해 보세요.

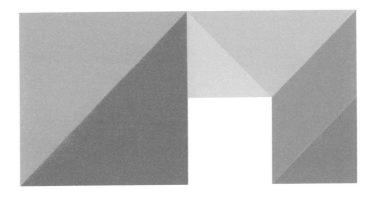

⊙ 도형 1개짜리: ☐ 개

⊙ 도형 2개짜리: ☐ 개

⊙ 도형 5개짜리: ☐ 개

⊙ 도형 7개짜리: ☐ 개

→ 크고 작은 직사각형의 개수: ☐ 개

칠교판 조각을 한 번씩 모두 이용하여 직각삼각형을 완성해 보세요. 또, 완성한 모양에서 찾을 수 있는 크고 작은 직각삼각형의 개수를 구해 보세요.

→ 크고 작은 직각삼각형의 개수: ⬜ 개

정답 >> 91쪽

Unit

04

분수

| 수와 연산 |

칠교판으로 **분수**를 알아봐요!

칠교판 분수 | 수와 연산 |

칠교판 전체의 크기를 1이라 할 때, 각 조각의 크기를 분수로 나타내어 보세요.

전체의 크기=1

$$1 = \frac{\boxed{}}{\boxed{16}}$$

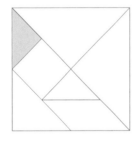

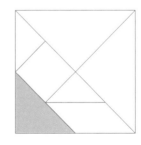

칠교판 전체의 크기를 1이라 할 때, 주어진 분수의 크기만큼 칠교판 조
각을 색칠해 보세요.

$\dfrac{5}{16}$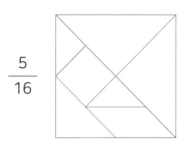

$\dfrac{6}{16}$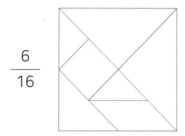

$\dfrac{8}{16}$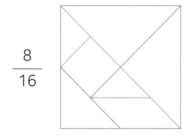

$\dfrac{1}{2}$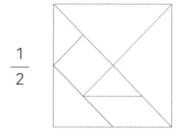

$\dfrac{1}{4}$

$\dfrac{1}{8}$

정답 》 92쪽

Unit
04

02 분수로 나타내기 | 수와 연산 |

서로 다른 칠교판 3조각과 4조각을 한 번씩만 이용하여 제시된 모양을
완성해 보세요. 또, 칠교판 전체의 크기를 1이라 할 때, 완성한 모양의
크기는 칠교판 전체의 얼마인지 분수로 나타내어 보세요.

전체의 크기＝1

◉ 3조각

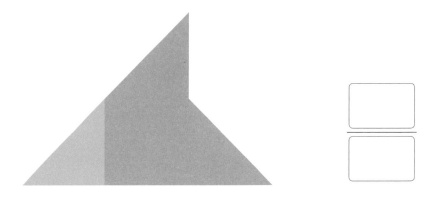

◉ 4조각

◉ 4조각

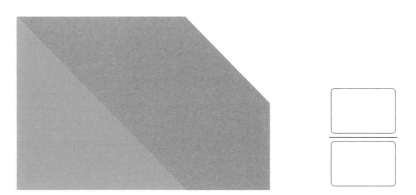

정답 ◈ 92쪽

03 전체와 부분 ① | 수와 연산 |

서로 다른 칠교판 5조각을 한 번씩만 이용하여 제시된 모양을 완성해 보세요. 또, 제시된 모양 전체의 크기를 1이라 할 때, 주어진 조각의 크기는 전체의 얼마인지 분수로 나타내어 보세요.

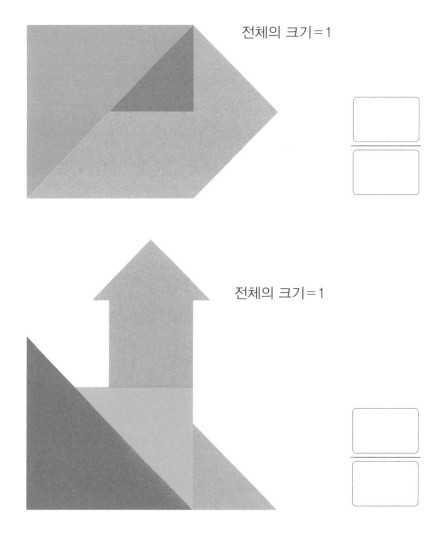

전체의 크기=1

전체의 크기=1

서로 다른 칠교판 6조각을 한 번씩만 이용하여 제시된 모양을 완성해 보세요. 또, 제시된 모양 전체의 크기를 1이라 할 때, 주어진 조각의 크기는 전체의 얼마인지 분수로 나타내어 보세요.

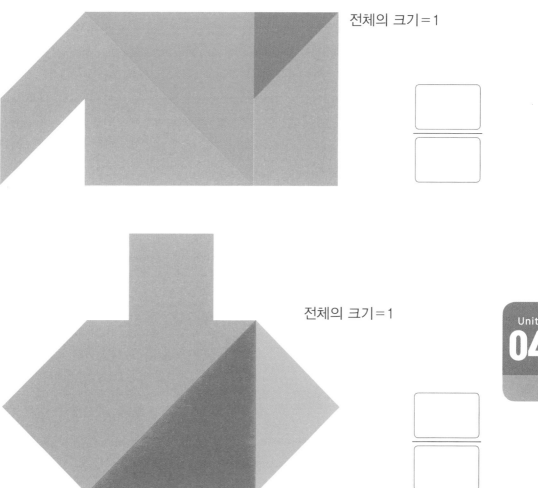

전체의 크기＝1

전체의 크기＝1

정답 ▶ 93쪽

전체와 부분 ② | 수와 연산 |

서로 다른 칠교판 4조각을 한 번씩만 이용하여 제시된 모양을 만들려고 합니다. 제시된 모양 전체의 크기를 1이라 할 때, 물음에 답하세요.

전체의 크기＝1

◉ 위 모양을 완성해 보세요.

◉ 위에서 사용한 조각 중 전체의 $\dfrac{1}{6}$에 해당하는 조각을 모두 찾아보세요.

◉ 위에서 사용한 조각 중 전체의 $\dfrac{1}{3}$에 해당하는 조각을 모두 찾아보세요.

서로 다른 칠교판 조각을 한 번씩만 이용하여 제시된 모양을 만들려고 합니다. 제시된 모양 전체의 크기를 1이라 할 때, 물음에 답하세요.

전체의 크기＝1

⊙ 위 모양을 완성하고, 모양을 완성하기 위해 모두 몇 조각을 사용했는지 써 보세요.

⊙ 위에서 사용한 조각 중 전체의 $\dfrac{1}{3}$에 해당하는 조각을 찾아보세요.

정답 ≫ 93쪽

05

도형의 이동

| 도형 |

평면도형의 이동을 알아봐요!

01 도형의 이동 | 도형 |

다음 도형을 주어진 방향으로 뒤집었을 때의 모양을 각각 그려 보세요.

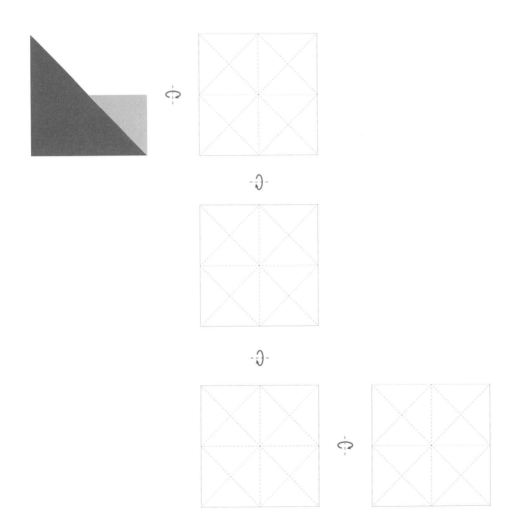

칠교판을 이용하여 만든 <보기>의 도형을 각각의 방향으로 돌린 알맞은
모양을 찾아보세요.

가

나

다

⊙ 도형을 시계 방향으로 90°만큼(↱) 돌린 모양: ▢

⊙ 도형을 시계 방향으로 180°만큼(↴) 돌린 모양: ▢

⊙ 도형을 시계 방향으로 270°만큼(↵) 돌린 모양: ▢

⊙ 도형을 시계 반대 방향으로 90°만큼(↰) 돌린 모양: ▢

➜ 도형을 시계 반대 방향으로 90°만큼(↰) 돌린 모양과 시계 방
  향으로 270°만큼(↵) 돌린 모양은 서로 같습니다.

정답 ≫ 94쪽

도형 뒤집기 | 도형 |

왼쪽 도형을 왼쪽으로 2번 뒤집었을 때의 모양을 그려 보세요.

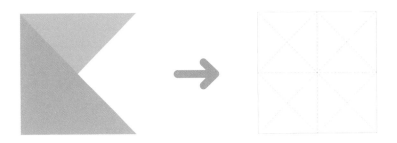

어떤 도형을 위쪽으로 5번 뒤집었더니 오른쪽과 같은 도형이 되었습니다. 처음 도형은 어떤 모양인지 왼쪽에 그려 보세요.

왼쪽 도형을 아래쪽으로 7번 뒤집고 오른쪽으로 8번 뒤집었을 때의 모양을 각각 그려 보세요.

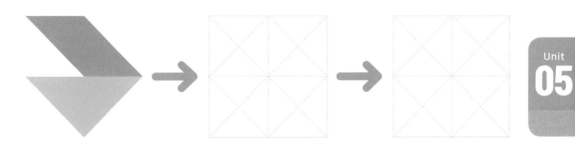

왼쪽 도형을 어떤 방향으로 1번 뒤집고 다른 방향으로 1번 더 뒤집었더니 오른쪽과 같은 도형이 되었습니다. 어떻게 뒤집었는지 설명해 보고, 처음 1번 뒤집었을 때의 모양을 가운데에 그려 보세요.

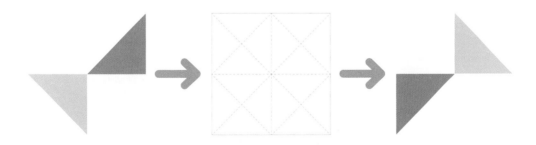

정답 94쪽

03 도형 돌리기 | 도형 |

서로 다른 칠교판 3조각을 한 번씩만 이용하여 제시된 도형을 완성해 보세요. 완성한 도형을 시계 방향으로 90°만큼 2번 돌렸을 때의 모양을 그려 보세요.

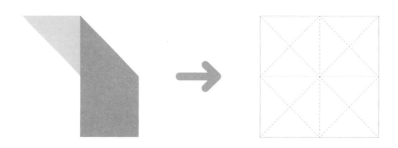

서로 다른 칠교판 3조각을 한 번씩만 이용하여 제시된 도형을 완성해 보세요. 완성한 도형을 시계 반대 방향으로 270°만큼 3번 돌렸을 때의 모양을 그려 보세요.

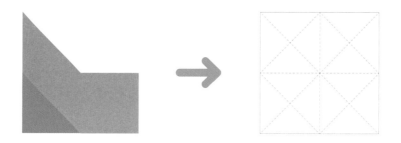

서로 다른 칠교판 6조각을 한 번씩만 이용하여 제시된 도형을 완성해 보세요. 완성한 도형을 시계 반대 방향으로 270°만큼 돌린 다음 시계 방향으로 90°만큼 9번 돌렸을 때의 모양을 각각 그려 보세요.

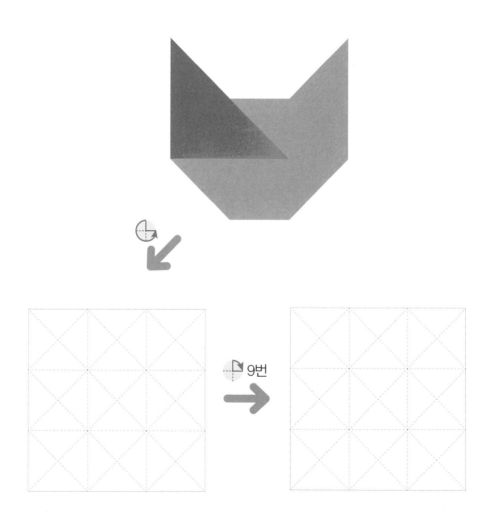

9번

정답 ≫ 95쪽

무늬 만들기 | 도형 |

 모양을 이용하여 규칙적인 무늬를 만들었습니다. 물음에 답하세요.

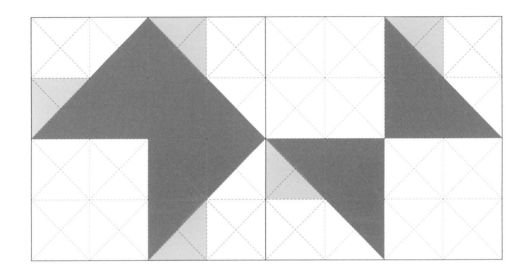

◉ 완성한 무늬에 어떤 규칙이 있는지 설명해 보세요.

◉ 규칙대로 빈칸을 채워 무늬를 완성해 보세요.

안쌤 Tip

도형을 밀면 모양과 크기는 변하지 않고,
미는 방향에 따라 위치만 바뀝니다.

서로 다른 칠교판 4조각을 한 번씩만 이용하여 제시된 모양을 완성해
보세요. 또, 완성한 모양으로 밀기, 뒤집기, 돌리기를 이용하여 규칙적
인 무늬를 만들고, 무늬를 만든 규칙을 설명해 보세요.

Unit
05

◉ 무늬를 만든 규칙:

06

각도

| 도형 |

각의 크기를 알아봐요!

각과 각도 | 도형 |

직각의 크기는 90°입니다. 직각과 180°를 살펴보고, 가~라를 직각보다
작은 각과 직각보다 큰 각으로 분류해 보세요.

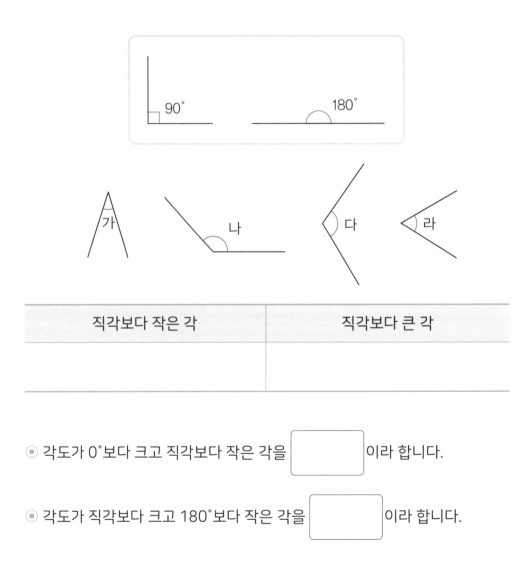

직각보다 작은 각	직각보다 큰 각

◉ 각도가 0°보다 크고 직각보다 작은 각을 [   ]이라 합니다.

◉ 각도가 직각보다 크고 180°보다 작은 각을 [   ]이라 합니다.

각의 크기를 각도라 합니다.

다음은 칠교판 조각 중 가장 작은 삼각형 조각의 각도를 나타낸 것입니다. 이를 이용하여 칠교판 조각의 표시된 각도를 구해 보세요.

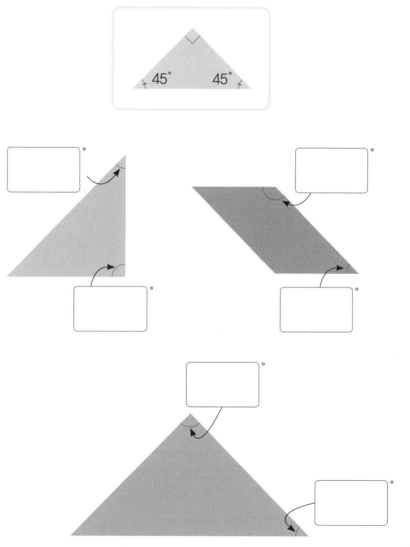

예각과 둔각 | 도형 |

주어진 도형에서 표시된 각이 예각이면 △표, 직각이면 □표, 둔각이면 ○표 해 보고 각각의 개수를 구해 보세요. 또, 서로 다른 칠교판 6조각을 한 번씩만 이용하여 주어진 모양을 완성해 보세요.

각	예각	직각	둔각
개수(개)			

다음은 삼각형의 한 각에 칠교판 1조각을 변이 맞닿게 붙여 예각을 나타낸 것입니다. 이와 같은 방법으로 예각과 둔각을 각각 1가지씩 나타내어 보세요.

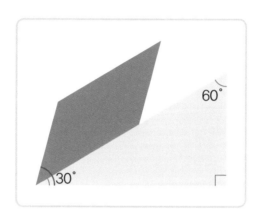

◉ 예각

◉ 둔각

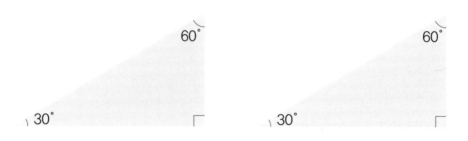

정답 ▸ 96쪽

각도의 합 | 도형 |

다음은 칠교판을 이용하여 만든 도형입니다. 만든 도형에서 표시된 각도를 각각 구해 보세요.

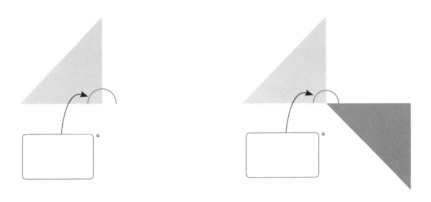

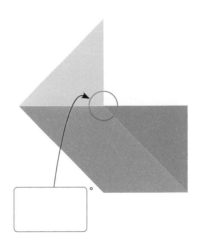

칠교판 조각을 한 번씩 모두 이용하여 별 모양을 완성해 보세요. 또, 별 모양에서 표시된 각도를 구해 보세요.

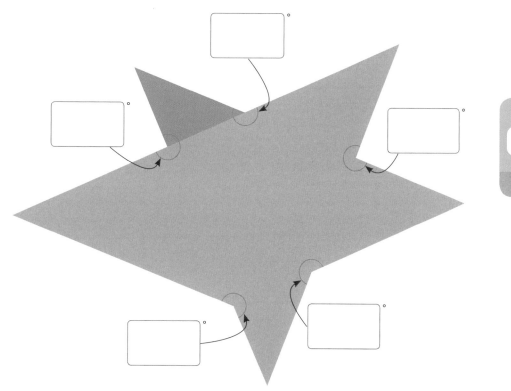

각도의 차 | 도형 |

다음은 360°에서 270°를 빼서 90°를 만든 것입니다. 이와 같은 방법으로 제시된 개수의 서로 다른 칠교판 조각을 한 번씩만 이용하여 90°를 만들어 보세요.

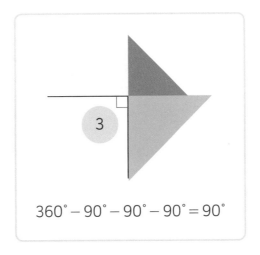

$$360° - 90° - 90° - 90° = 90°$$

3

4

왼쪽과 같은 방법으로 서로 다른 칠교판 조각을 한 번씩만 이용하여 제시된 각도를 만들어 보세요.

◉ 45˚

◉ 135˚

수직과 평행

| 도형 |

수직과 평행을 알아봐요!

수직과 평행 ┃ 도형 ┃

다음과 같은 <방법>으로 칠교판 조각을 이용하여 모눈종이에 주어진 직선에 대한 수직인 직선을 그어 보세요.

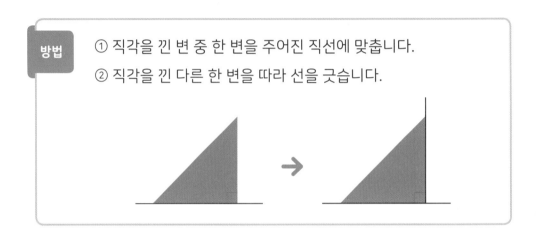

방법

① 직각을 낀 변 중 한 변을 주어진 직선에 맞춥니다.

② 직각을 낀 다른 한 변을 따라 선을 긋습니다.

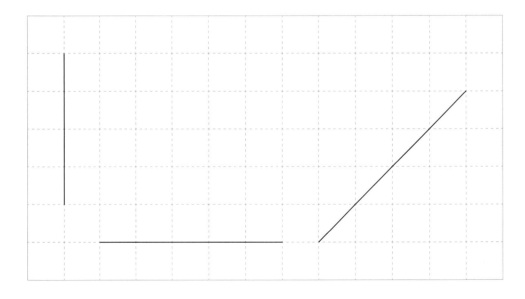

두 직선이 만나서 이루는 각이 직각일 때 두 직선은 서로 수직이라 하고, 서로 만나지 않는 두 직선을 평행하다고 합니다.

다음과 같은 <방법>으로 칠교판 조각을 이용하여 모눈종이에 주어진 직선과 평행한 직선을 그어 보세요.

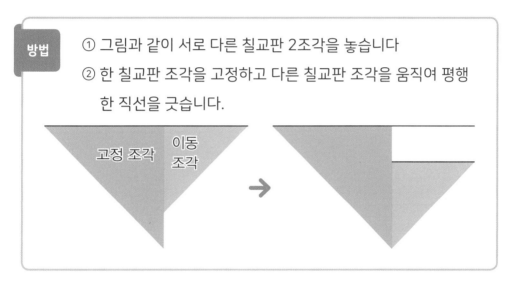

방법
① 그림과 같이 서로 다른 칠교판 2조각을 놓습니다
② 한 칠교판 조각을 고정하고 다른 칠교판 조각을 움직여 평행한 직선을 긋습니다.

고정 조각　이동 조각

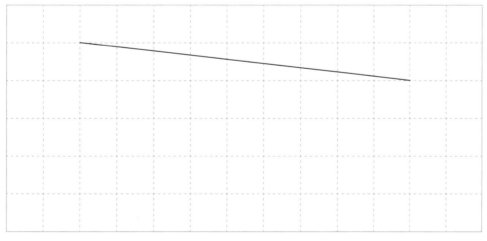

Unit
07

수직인 선분 찾기 | 도형 |

다음은 칠교판 조각을 이용하여 만든 사각형입니다. 물음에 답하세요.

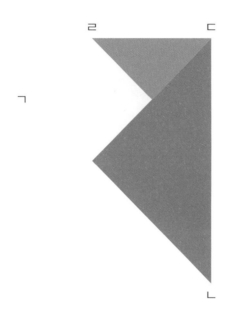

⊙ 위의 사각형에서 직각을 모두 찾아 ⌐ 로 표시해 보세요.

⊙ 위의 사각형에서 서로 수직인 선분을 모두 찾아 써 보세요.

서로 다른 칠교판 4조각을 한 번씩만 이용하여 도형을 각각 완성해 보세요. 또, 완성한 도형에서 서로 수직인 선분을 모두 찾아 써 보세요.

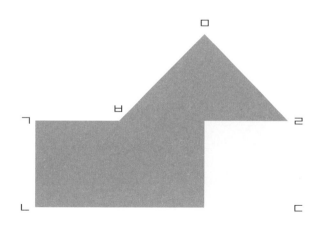

정답 ☞ 98쪽

평행한 선분 찾기 | 도형 |

다음은 칠교판 조각을 이용하여 만든 사각형입니다. 물음에 답하세요.

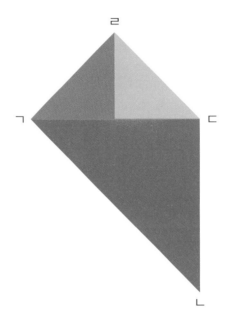

◉ 위의 사각형에서 직각을 모두 찾아 └ 로 표시해 보세요.

◉ 위의 사각형에서 서로 평행한 선분을 모두 찾아 써 보세요.

서로 다른 칠교판 5조각을 한 번씩만 이용하여 도형을 각각 완성해 보세요. 또, 완성한 도형에서 서로 평행한 선분을 모두 찾아 써 보세요.

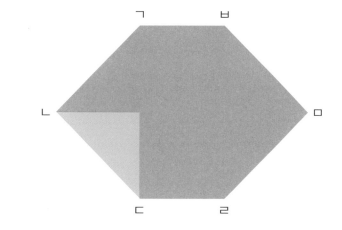

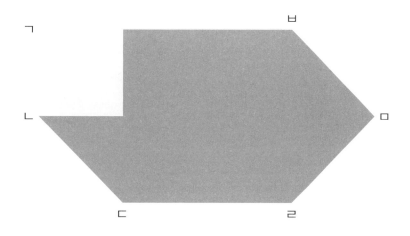

정답 ▶ 99쪽

조건을 만족하는 도형 | 도형 |

다음 <조건>을 모두 만족하는 오각형을 만들어 보세요.

조건

① 서로 다른 칠교판 5조각을 한 번씩만 이용합니다.

② 서로 평행한 선분이 1쌍 있습니다.

③ 서로 수직인 선분이 3쌍 있습니다.

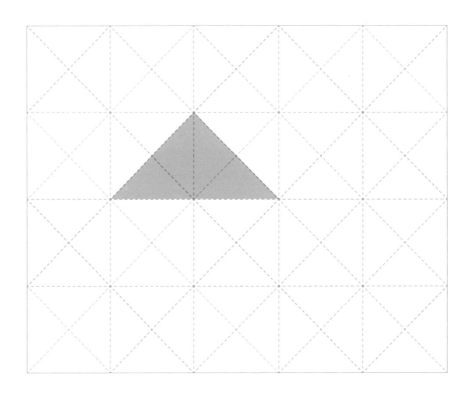

① 서로 다른 칠교판 6조각을 한 번씩만 이용합니다.

② 서로 평행한 선분이 2쌍 있습니다.

③ 서로 수직인 선분이 3쌍 있습니다.

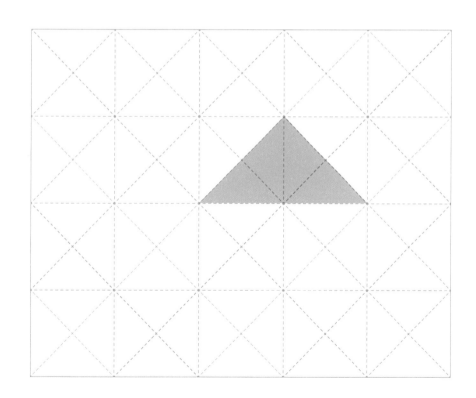

정답 》 99쪽

사각형

| 도형 |

사다리꼴과 평행사변형을 만들어 봐요!

사각형 분류하기 | 도형 |

평행한 변이 있는지에 따라 사각형을 분류해 보세요.

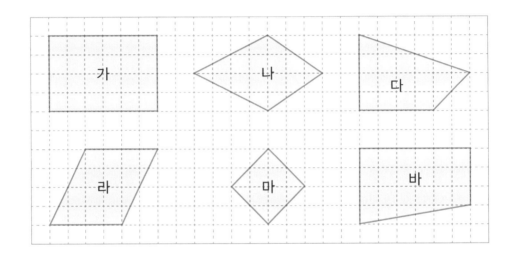

평행한 변이 없는 사각형	평행한 변이 있는 사각형

→ 평행한 변이 1쌍이라도 있는 사각형을 [   ] 이라 합니다.

평행한 변의 수에 따라 사각형을 분류해 보세요.

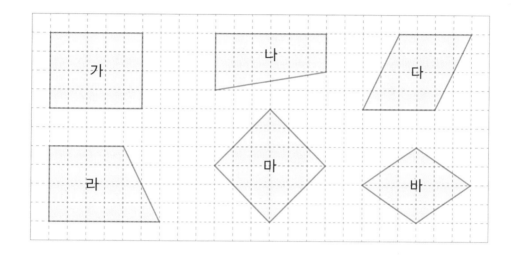

평행한 변이 1쌍인 사각형	평행한 변이 2쌍인 사각형

➜ 마주 보는 2쌍의 변이 서로 평행한 사각형을 [   ]이라 합

니다.

사다리꼴 | 도형 |

서로 다른 칠교판 5조각, 6조각, 7조각을 한 번씩만 이용하여 사다리꼴을 각각 만들어 보세요.

◉ 5조각

◉ 6조각

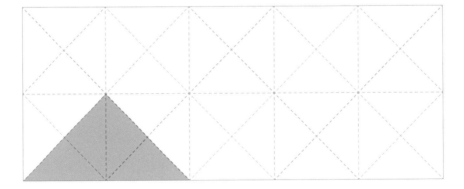

◉ 7조각

정답 ❯ 100쪽

03 평행사변형 | 도형 |

서로 다른 칠교판 4조각을 한 번씩만 이용하여 크기가 다른 평행사변형을 2가지 만들어 보세요.

◉ 방법 1

◉ 방법 2

칠교판 조각을 한 번씩 모두 이용하여 제시된 사각형을 만들려고 합니다. 물음에 답하세요.

◉ 위의 사각형을 완성해 보세요.

◉ 완성한 모양이 평행사변형인지 아닌지 쓰고, 그 이유를 설명해 보세요.

◉ 완성한 모양이 사다리꼴인지 아닌지 쓰고, 그 이유를 설명해 보세요.

정답 ≫ 101쪽

크고 작은 도형의 수 | 도형 |

다음은 칠교판 조각으로 만든 육각형입니다. 이 모양에서 찾을 수 있는 크고 작은 사다리꼴과 평행사변형의 개수를 각각 구해 보세요.

→ 크고 작은 사다리꼴의 개수: ☐ 개

→ 크고 작은 평행사변형의 개수: ☐ 개

칠교판 조각을 한 번씩 모두 이용하여 제시된 모양을 완성해 보세요.
또, 완성한 모양에서 찾을 수 있는 크고 작은 사다리꼴과 평행사변형
의 개수를 각각 구해 보세요.

➡ 크고 작은 사다리꼴의 개수: ☐ 개

➡ 크고 작은 평행사변형의 개수: ☐ 개

정답

확인해 볼까요?

칠교판 | 도형 |

Unit 01 / 01 칠교판 만들기 | 도형 |

다음과 같은 <방법>으로 색종이를 잘라서 칠교판을 만들어 보세요.

※ 부록 색종이(103쪽)를 학습에 활용해 보세요.

방법
① 색종이를 반으로 접어서 자릅니다.
② ①에서 만든 삼각형 중 하나를 반으로 접어서 자릅니다.
③ ①에서 만든 다른 삼각형의 가장 긴 변의 중앙과 꼭짓점이 만나도록 접어서 자릅니다.
④ 자른 도형 중 큰 도형을 반으로 접어서 자릅니다.
⑤ ④에서 만든 사각형 중 하나를 접어서 자릅니다.
⑥ ④에서 만든 다른 사각형을 접어서 자릅니다.

칠교판 조각에 대해 설명해 보세요.

• 칠교판 조각은 모두 **7** 개입니다.
• 칠교판 조각에는 삼각형이 **5** 개 있습니다.
• 칠교판 조각에는 사각형이 **2** 개 있습니다.

Unit 01 / 02 크기 비교하기 | 도형 |

제시된 칠교판 조각의 크기를 1이라 할 때, 각 조각의 크기는 제시된 조각의 크기의 몇 배인지 구해 보세요.

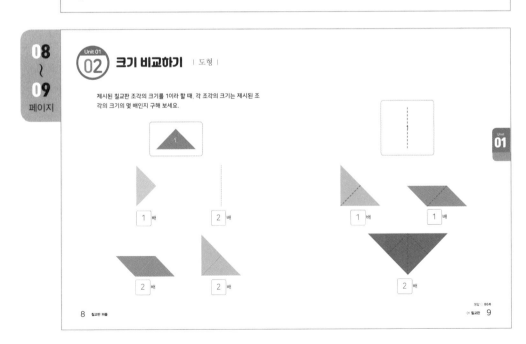

1 배   2 배   1 배   1 배

2 배   2 배   2 배

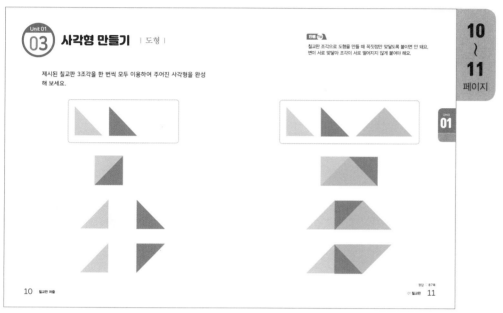

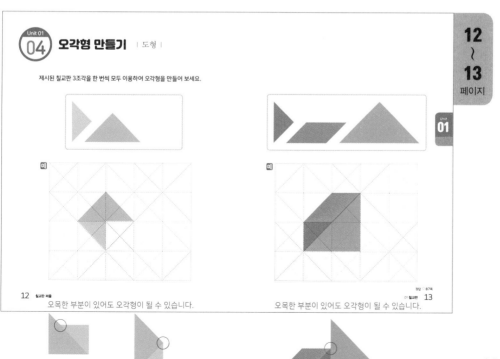

02 모양 만들기 | 창의성 |

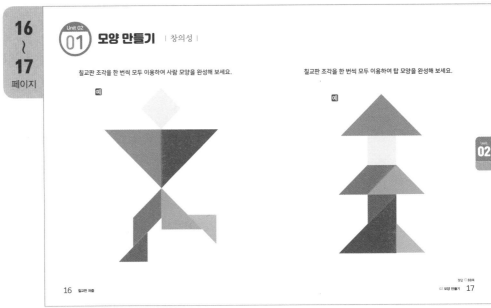

16 ~ 17 페이지

Unit 02 (01) 모양 만들기 | 창의성 |

칠교판 조각을 한 번씩 모두 이용하여 사람 모양을 완성해 보세요.

예

칠교판 조각을 한 번씩 모두 이용하여 탑 모양을 완성해 보세요.

예

Unit 02

정답 ○ 88쪽

16 칠교판 퍼즐

02 모양 만들기 17

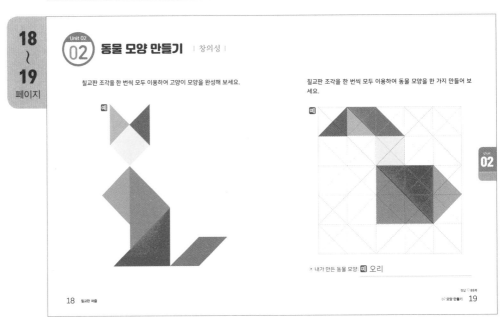

18 ~ 19 페이지

Unit 02 (02) 동물 모양 만들기 | 창의성 |

칠교판 조각을 한 번씩 모두 이용하여 고양이 모양을 완성해 보세요.

예

칠교판 조각을 한 번씩 모두 이용하여 동물 모양을 한 가지 만들어 보세요.

예

Unit 02

• 내가 만든 동물 모양: 예 오리

정답 ○ 88쪽

18 칠교판 퍼즐

02 모양 만들기 19

Unit 02
03 탈것 모양 만들기 | 창의성 |

칠교판 조각을 한 번씩 모두 이용하여 배 모양을 완성해 보세요.

칠교판 조각을 한 번씩 모두 이용하여 탈것 모양을 한 가지 만들어 보세요.

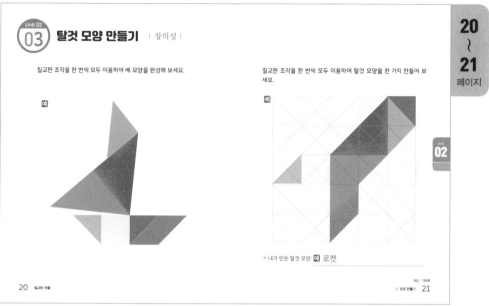

예

예

· 내가 만든 탈것 모양: **예** 로켓

Unit 02
04 숫자 모양 만들기 | 창의성 |

칠교판 조각을 한 번씩 모두 이용하여 숫자 1 모양을 완성해 보세요.

칠교판 조각을 한 번씩 모두 이용하여 숫자 모양을 한 가지 만들어 보세요.

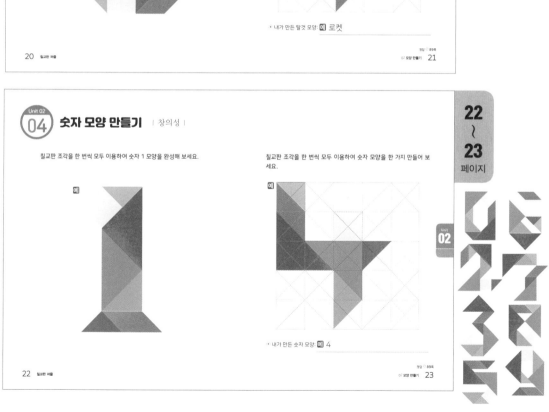

예

예

· 내가 만든 숫자 모양: **예** 4

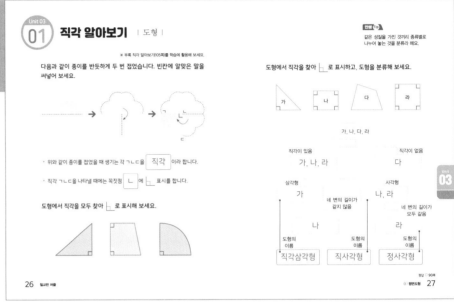

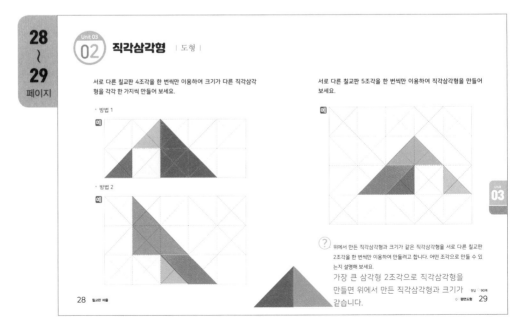

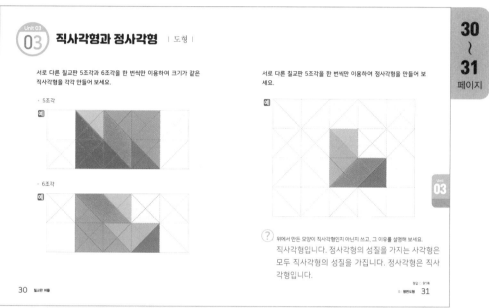

Unit 03

03 직사각형과 정사각형 | 도형 |

서로 다른 칠교판 5조각과 6조각을 한 번씩만 이용하여 크기가 같은 직사각형을 각각 만들어 보세요.

• 5조각

예

• 6조각

예

서로 다른 칠교판 5조각을 한 번씩만 이용하여 정사각형을 만들어 보세요.

예

? 위에서 만든 모양이 직사각형인지 아닌지 쓰고, 그 이유를 설명해 보세요.

직사각형입니다. 정사각형의 성질을 가지는 사각형은 모두 직사각형의 성질을 가집니다. 정사각형은 직사각형입니다.

30 칠교판 퍼즐

정답 : 91쪽
○ 평면도형 31

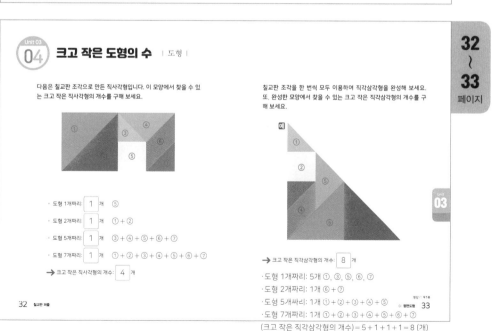

Unit 03

04 크고 작은 도형의 수 | 도형 |

다음은 칠교판 조각으로 만든 직사각형입니다. 이 모양에서 찾을 수 있는 크고 작은 직사각형의 개수를 구해 보세요.

• 도형 1개짜리: $\boxed{1}$ 개 ⑤

• 도형 2개짜리: $\boxed{1}$ 개 ① + ②

• 도형 5개짜리: $\boxed{1}$ 개 ③ + ④ + ⑤ + ⑥ + ⑦

• 도형 7개짜리: $\boxed{1}$ 개 ① + ② + ③ + ④ + ⑤ + ⑥ + ⑦

→ 크고 작은 직사각형의 개수: $\boxed{4}$ 개

칠교판 조각을 한 번씩 모두 이용하여 직각삼각형을 완성해 보세요. 또, 완성한 모양에서 찾을 수 있는 크고 작은 직각삼각형의 개수를 구해 보세요.

예

→ 크고 작은 직각삼각형의 개수: $\boxed{8}$ 개

• 도형 1개짜리: 5개 ①, ③, ⑤, ⑥, ⑦

• 도형 2개짜리: 1개 ⑥ + ⑦

• 도형 5개짜리: 1개 ① + ② + ③ + ④ + ⑤

• 도형 7개짜리: 1개 ① + ② + ③ + ④ + ⑤ + ⑥ + ⑦

(크고 작은 직각삼각형의 개수) = 5 + 1 + 1 + 1 = 8 (개)

32 칠교판 퍼즐

정답 : 91쪽
○ 평면도형 33

04 Unit

분수 │ 수와 연산 │

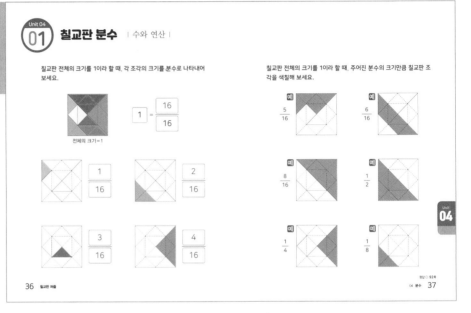

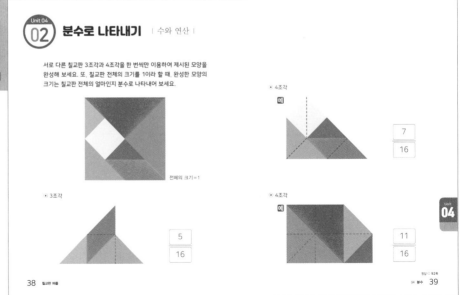

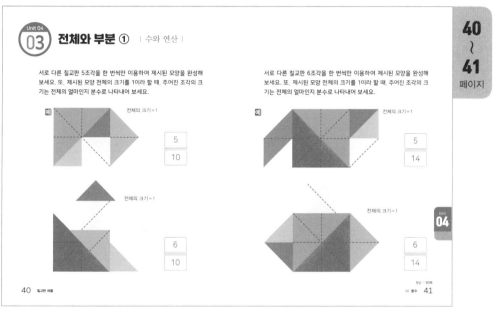

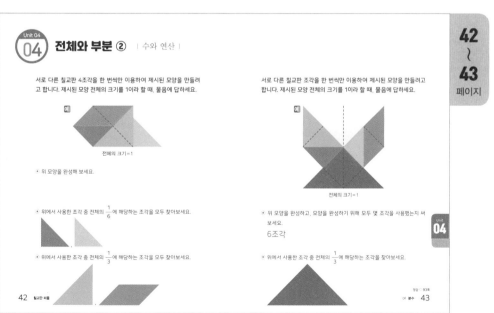

Unit 05

도형의 이동 | 도형 |

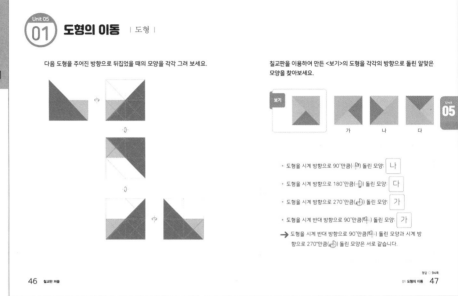

46 ~ 47 페이지

Unit 05 (01) 도형의 이동 | 도형 |

다음 도형을 주어진 방향으로 뒤집었을 때의 모양을 각각 그려 보세요.

칠교판을 이용하여 만든 <보기>의 도형을 각각의 방향으로 돌린 알맞은 모양을 찾아보세요.

- 도형을 시계 방향으로 90°만큼(↻) 돌린 모양: 나
- 도형을 시계 방향으로 180°만큼(↻) 돌린 모양: 다
- 도형을 시계 방향으로 270°만큼(↻) 돌린 모양: 가
- 도형을 시계 반대 방향으로 90°만큼(↺) 돌린 모양: 가

➡ 도형을 시계 반대 방향으로 90°만큼(↺) 돌린 모양과 시계 방향으로 270°만큼(↻) 돌린 모양은 서로 같습니다.

46 칠교판 퍼즐

01 도형의 이동 47

---

48 ~ 49 페이지

Unit 05 (02) 도형 뒤집기 | 도형 |

왼쪽 도형을 왼쪽으로 2번 뒤집었을 때의 모양을 그려 보세요.

왼쪽 도형을 아래쪽으로 7번 뒤집고 오른쪽으로 8번 뒤집었을 때의 모양을 각각 그려 보세요.

어떤 도형을 위쪽으로 5번 뒤집었더니 오른쪽과 같은 도형이 되었습니다. 처음 도형은 어떤 모양인지 왼쪽에 그려 보세요.

왼쪽 도형을 어떤 방향으로 1번 뒤집고 다른 방향으로 1번 더 뒤집었더니 오른쪽과 같은 도형이 되었습니다. 어떻게 뒤집었는지 설명해 보고, 처음 1번 뒤집었을 때의 모양을 가운데에 그려 보세요.

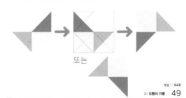

또는

48 칠교판 퍼즐

01 도형의 이동 49

예 ·왼쪽 도형을 오른쪽(또는 왼쪽)으로 1번 뒤집고 위쪽(또는 아래쪽)으로 1번 뒤집었습니다.
·왼쪽 도형을 위쪽(또는 아래쪽)으로 1번 뒤집고 왼쪽(또는 오른쪽)으로 1번 뒤집었습니다.

03 도형 돌리기 | 도형 |

서로 다른 칠교판 3조각을 한 번씩만 이용하여 제시된 도형을 완성해 보세요. 완성한 도형을 시계 방향으로 90°만큼 2번 돌렸을 때의 모양을 그려 보세요.

서로 다른 칠교판 3조각을 한 번씩만 이용하여 제시된 도형을 완성해 보세요. 완성한 도형을 시계 반대 방향으로 270°만큼 3번 돌렸을 때의 모양을 그려 보세요.

시계 반대 방향으로 270°만큼 3번 돌렸을 때의 모양은 시계 방향으로 90°만큼 3번 돌렸을 때의 모양과 같습니다. 또한, 시계 방향으로 90°만큼 3번 돌렸을 때의 모양은 시계 반대 방향으로 90°만큼 1번 돌렸을 때의 모양과 같습니다.

50 칠교판 퍼즐

서로 다른 칠교판 6조각을 한 번씩만 이용하여 제시된 도형을 완성해 보세요. 완성한 도형을 시계 반대 방향으로 270°만큼 돌린 다음 시계 방향으로 90°만큼 9번 돌렸을 때의 모양을 각각 그려 보세요.

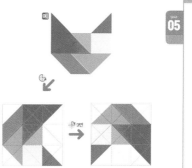

정답 ⊙ 95쪽
03 도형의 이동 51

04 무늬 만들기 | 도형 |

모양을 이용하여 규칙적인 무늬를 만들었습니다. 물음에 답하세요.

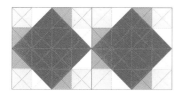

• 완성한 무늬에 어떤 규칙이 있는지 설명해 보세요.

모양을 시계 방향으로 **90** °만큼 돌려 모양을 만들고, 이 모양을 **아래** 쪽으로 뒤집었습니다. 만들어진 모양을 오른쪽으로 밀어 규칙적인 무늬를 만듭니다.

• 규칙대로 빈칸을 채워 무늬를 완성해 보세요.

52 칠교판 퍼즐

안쌤 Tip
도형을 밀면 모양과 크기는 변하지 않고, 미는 방향에 따라 위치만 바뀝니다.

서로 다른 칠교판 4조각을 한 번씩만 이용하여 제시된 모양을 완성해 보세요. 또, 완성한 모양을 밀기, 뒤집기, 돌리기를 이용하여 규칙적인 무늬를 만들고, 무늬를 만든 규칙을 설명해 보세요.

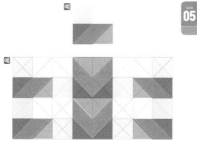

• 무늬를 만든 규칙:

예 완성한 모양을 시계 반대 방향으로 90°만큼 돌려 모양을 만들고, 이 모양을 오른쪽으로 뒤집었습니다. 만들어진 모양을 아래쪽으로 밀어 규칙적인 무늬를 만들었습니다.

정답 ⊙ 95쪽
04 도형의 이동 53

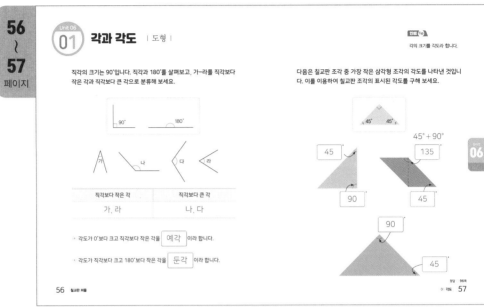

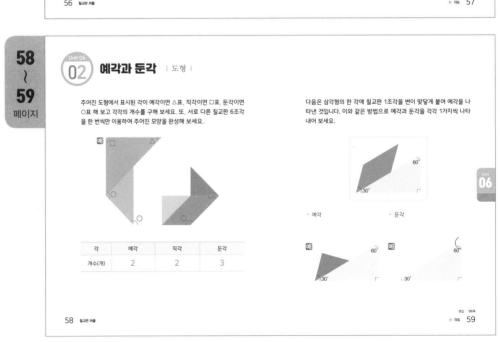

06
Unit

각도 | 도형 |

56~57 페이지

Unit 06
01 각과 각도 | 도형 |

각의 크기를 각도라 합니다.

직각의 크기는 90°입니다. 직각과 180°를 살펴보고, 가~라를 직각보다 작은 각과 직각보다 큰 각으로 분류해 보세요.

직각보다 작은 각	직각보다 큰 각
가, 라	나, 다

· 각도가 0°보다 크고 직각보다 작은 각을 예각 이라 합니다.

· 각도가 직각보다 크고 180°보다 작은 각을 둔각 이라 합니다.

다음은 칠교판 조각 중 가장 작은 삼각형 조각의 각도를 나타낸 것입니다. 이를 이용하여 칠교판 조각의 표시된 각도를 구해 보세요.

45° + 90°
45 135
90 45
90
45

56 칠교판 퍼즐

정답 96쪽
06 각도 57

58~59 페이지

Unit 06
02 예각과 둔각 | 도형 |

주어진 도형에서 표시된 각이 예각이면 △표, 직각이면 □표, 둔각이면 ○표 해 보고 각각의 개수를 구해 보세요. 또, 서로 다른 칠교판 6조각을 한 번씩만 이용하여 주어진 모양을 완성해 보세요.

각	예각	직각	둔각
개수(개)	2	2	3

다음은 삼각형의 한 각에 칠교판 1조각을 변이 맞닿게 붙여 예각을 나타낸 것입니다. 이와 같은 방법으로 예각과 둔각을 각각 1가지씩 나타내어 보세요.

· 예각   · 둔각

58 칠교판 퍼즐

정답 96쪽
06 각도 59

96 칠교판 퍼즐

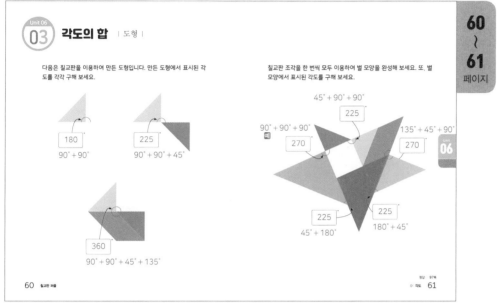

Unit 06
03 각도의 합 | 도형 |

다음은 칠교판을 이용하여 만든 도형입니다. 만든 도형에서 표시된 각도를 각각 구해 보세요.

180
$90° + 90°$

225
$90° + 90° + 45°$

360
$90° + 90° + 45° + 135°$

칠교판 조각을 한 번씩 모두 이용하여 별 모양을 완성해 보세요. 또, 별 모양에서 표시된 각도를 구해 보세요.

$45° + 90° + 90°$
225

$90° + 90° + 90°$
270

$135° + 45° + 90°$
270

225
$45° + 180°$

225
$180° + 45°$

60 칠교판 퍼즐

정답 97쪽
○ 각도 61

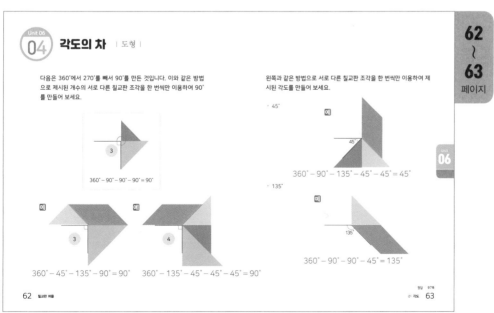

Unit 06
04 각도의 차 | 도형 |

다음은 360°에서 270°를 빼서 90°를 만든 것입니다. 이와 같은 방법으로 제시된 개수의 서로 다른 칠교판 조각을 한 번씩만 이용하여 90°를 만들어 보세요.

3
$360° - 90° - 90° - 90° = 90°$

예
3
$360° - 45° - 135° - 90° = 90°$

예
4
$360° - 135° - 45° - 45° - 45° = 90°$

왼쪽과 같은 방법으로 서로 다른 칠교판 조각을 한 번씩만 이용하여 제시된 각도를 만들어 보세요.

· 45°

예
45°
$360° - 90° - 135° - 45° - 45° = 45°$

· 135°

예
135°
$360° - 90° - 90° - 45° = 135°$

62 칠교판 퍼즐

정답 97쪽
○ 각도 63

수직과 평행 | 도형 |

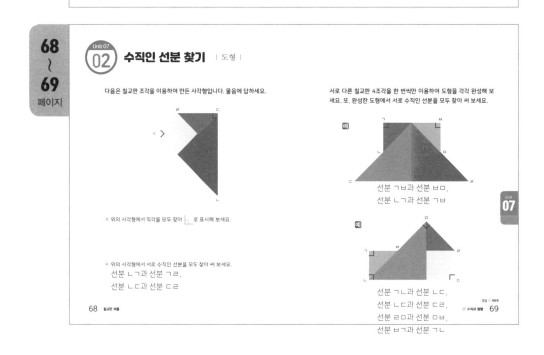

Unit 07
01 수직과 평행 | 도형 |

두 직선이 만나서 이루는 각이 직각일 때 두 직선은 서로 수직이라 하고, 서로 만나지 않는 두 직선을 평행하다고 합니다.

다음과 같은 <방법>으로 칠교판 조각을 이용하여 모눈종이에 주어진 직선에 대한 수직인 직선을 그어 보세요.

방법
① 직각을 낀 중 한 변을 주어진 직선에 맞춥니다.
② 직각을 낀 다른 한 변을 따라 선을 긋습니다.

다음과 같은 <방법>으로 칠교판 조각을 이용하여 모눈종이에 주어진 직선과 평행한 직선을 그어 보세요.

방법
① 그림과 같이 서로 다른 칠교판 2조각을 놓습니다
② 한 칠교판 조각을 고정하고 다른 칠교판 조각을 움직여 평행한 직선을 긋습니다.

고정조각 이동조각

66 칠교판 퍼즐

정답 ○ 98쪽
07 수직과 평행 67

Unit 07
02 수직인 선분 찾기 | 도형 |

다음은 칠교판 조각을 이용하여 만든 사각형입니다. 물음에 답하세요.

• 위의 사각형에서 직각을 모두 찾아 ⌐로 표시해 보세요.

• 위의 사각형에서 서로 수직인 선분을 모두 찾아 써 보세요.
선분 ㄴㄱ과 선분 ㄱㄹ,
선분 ㄴㄷ과 선분 ㄷㄹ

서로 다른 칠교판 4조각을 한 번씩만 이용하여 도형을 각각 완성해 보세요. 또, 완성한 도형에서 서로 수직인 선분을 모두 찾아 써 보세요.

예
선분 ㄱㅂ과 선분 ㅂㅁ,
선분 ㄴㄱ과 선분 ㄱㅂ

예
선분 ㄱㄴ과 선분 ㄴㄷ,
선분 ㄴㄷ과 선분 ㄷㄹ,
선분 ㄹㅁ과 선분 ㅁㅂ,
선분 ㅂㄱ과 선분 ㄱㄴ

68 칠교판 퍼즐

정답 ○ 98쪽
07 수직과 평행 69

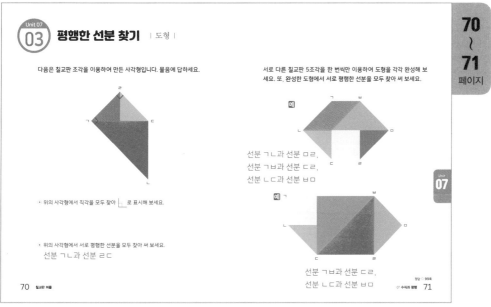

Unit 07 03 평행한 선분 찾기 | 도형 |

다음은 칠교판 조각을 이용하여 만든 사각형입니다. 물음에 답하세요.

• 위의 사각형에서 직각을 모두 찾아 ⌐ 로 표시해 보세요.

• 위의 사각형에서 서로 평행한 선분을 모두 찾아 써 보세요.
선분 ㄱㄴ과 선분 ㄹㄷ

서로 다른 칠교판 5조각을 한 번씩만 이용하여 도형을 각각 완성해 보세요. 또, 완성한 도형에서 서로 평행한 선분을 모두 찾아 써 보세요.

예

선분 ㄱㄴ과 선분 ㅁㄹ,
선분 ㄱㅂ과 선분 ㄷㄹ,
선분 ㄴㄷ과 선분 ㅂㅁ

예

선분 ㄱㅂ과 선분 ㄷㄹ,
선분 ㄴㄷ과 선분 ㅂㅁ

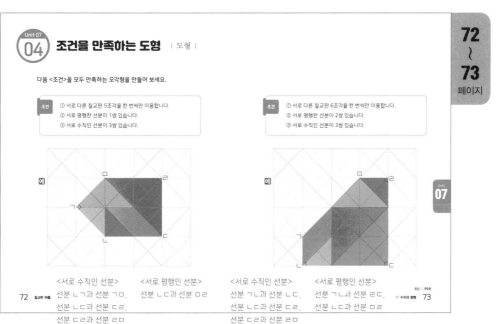

Unit 07 04 조건을 만족하는 도형 | 도형 |

다음 <조건>을 모두 만족하는 오각형을 만들어 보세요.

조건
① 서로 다른 칠교판 5조각을 한 번씩만 이용합니다.
② 서로 평행한 선분이 1쌍 있습니다.
③ 서로 수직인 선분이 3쌍 있습니다.

조건
① 서로 다른 칠교판 6조각을 한 번씩만 이용합니다.
② 서로 평행한 선분이 2쌍 있습니다.
③ 서로 수직인 선분이 3쌍 있습니다.

예

예

<서로 수직인 선분>
선분 ㄴㄱ과 선분 ㄱㅁ,
선분 ㄴㄷ과 선분 ㄷㄹ,
선분 ㄷㄹ과 선분 ㄹㅁ

<서로 평행인 선분>
선분 ㄴㄷ과 선분 ㅁㄹ

<서로 수직인 선분>
선분 ㄱㄴ과 선분 ㄴㄷ,
선분 ㄴㄷ과 선분 ㄷㄹ,
선분 ㄷㄹ과 선분 ㄹㅁ

<서로 평행인 선분>
선분 ㄱㄴ과 선분 ㄷㄹ,
선분 ㄴㄷ과 선분 ㄹㅁ

08 Unit

사각형 | 도형 |

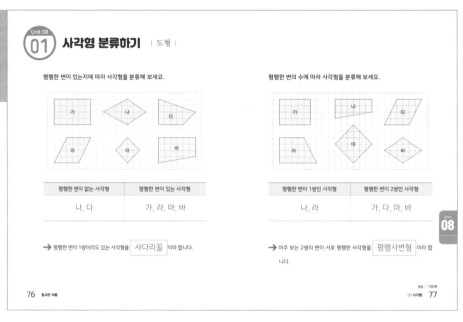

76 ~ 77 페이지

Unit 08 01 사각형 분류하기 | 도형 |

평행한 변이 있는지에 따라 사각형을 분류해 보세요.

평행한 변이 없는 사각형	평행한 변이 있는 사각형
나, 다	가, 라, 마, 바

→ 평행한 변이 1쌍이라도 있는 사각형을 사다리꼴 이라 합니다.

평행한 변의 수에 따라 사각형을 분류해 보세요.

평행한 변이 1쌍인 사각형	평행한 변이 2쌍인 사각형
나, 라	가, 다, 마, 바

→ 마주 보는 2쌍의 변이 서로 평행한 사각형을 평행사변형 이라 합니다.

76   칠교판 퍼즐

정답 100쪽
08 사각형 77

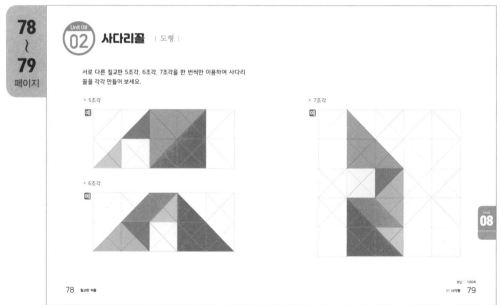

78 ~ 79 페이지

Unit 08 02 사다리꼴 | 도형 |

서로 다른 칠교판 5조각, 6조각, 7조각을 한 번씩만 이용하여 사다리꼴을 각각 만들어 보세요.

• 5조각 예

• 7조각 예

• 6조각 예

78   칠교판 퍼즐

정답 100쪽
08 사각형 79

평행사변형 | 도형 |

서로 다른 칠교판 4조각을 한 번씩만 이용하여 크기가 다른 평행사변형을 2가지 만들어 보세요.

· 방법 1

예

· 방법 2

예

칠교판 조각을 한 번씩 모두 이용하여 제시된 사각형을 만들려고 합니다. 물음에 답하세요.

예

· 위의 사각형을 완성해 보세요.

· 완성한 모양이 평행사변형인지 아닌지 쓰고, 그 이유를 설명해 보세요.
  평행사변형입니다. 마주 보는 2쌍의 변이 서로 평행한 사각형이기 때문입니다.

· 완성한 모양이 사다리꼴인지 아닌지 쓰고, 그 이유를 설명해 보세요.
  사다리꼴입니다. 평행한 변이 1쌍이라도 있는 사각형이기 때문입니다.

08

80 칠교판 퍼즐

정답 : 101쪽
05 사각형 **81**

크고 작은 도형의 수 | 도형 |

다음은 칠교판 조각으로 만든 육각형입니다. 이 모양에서 찾을 수 있는 크고 작은 사다리꼴과 평행사변형의 개수를 각각 구해 보세요.

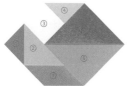

→ 크고 작은 사다리꼴의 개수: 7 개

→ 크고 작은 평행사변형의 개수: 3 개

＜크고 작은 평행사변형의 개수＞
· 도형 1개짜리: 2개 ③, ⑦
· 도형 2개짜리: 1개 ⑤＋⑥
→ 2＋1 = 3 (개)

＜크고 작은 사다리꼴의 개수＞
· 도형 1개짜리: 2개 ③, ⑦
· 도형 2개짜리: 4개
  ①＋②, ②＋⑦, ③＋④, ⑤＋⑥
· 도형 3개짜리: 1개 ①＋②＋⑦
→ 2＋4＋1 = 7 (개)

칠교판 조각을 한 번씩 모두 이용하여 제시된 모양을 완성해 보세요. 또, 완성한 모양에서 찾을 수 있는 크고 작은 사다리꼴과 평행사변형의 개수를 각각 구해 보세요.

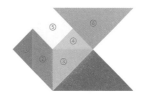

→ 크고 작은 사다리꼴의 개수: 9 개

→ 크고 작은 평행사변형의 개수: 3 개

＜크고 작은 사다리꼴의 개수＞
· 도형 1개짜리: 2개 ②, ⑤
· 도형 2개짜리: 4개
  ①＋②, ③＋④, ⑤＋⑦, ④＋⑤
· 도형 5개짜리: 1개
  ①＋②＋③＋④＋⑤
· 도형 6개짜리: 2개
  ①＋②＋③＋④＋⑤＋⑥, ①＋②＋③＋④＋⑤＋⑦
→ 2＋4＋1＋2 = 9 (개)

08

정답 : 101쪽
05 사각형 **83**

＜크고 작은 평행사변형의 개수＞
· 도형 1개짜리: 2개 ②, ⑤
· 도형 5개짜리: 1개 ①＋②＋③＋④＋⑤
→ 2＋1 = 3 (개)

82 칠교판 퍼즐

정답 **101**

색종이

※ 색종이를 가위로 오려 칠교판을 만들어 보세요.

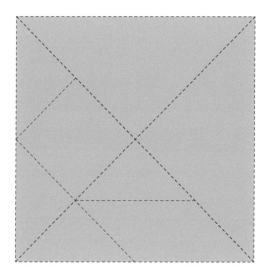

칠교판

※ 칠교판 조각을 가위로 오려 사용하세요.

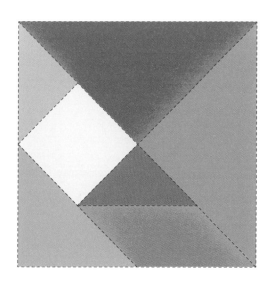

직각 알아보기

※ 각 모양을 가위로 오려 사용하세요.

행운이란 100%의 노력 뒤에 남는 것이다.

– 랭스턴 콜먼 –

좋은 책을 만드는 길, 독자님과 함께 하겠습니다.

안쌤의 사고력 수학 퍼즐 칠교판 퍼즐

초 판 발 행	2023년 03월 03일 (인쇄 2023년 01월 31일)
발 행 인	박영일
책 임 편 집	이해욱
저 자	안쌤 영재교육연구소
편 집 진 행	이미림 · 이여진 · 피수민
표지디자인	조혜령
편집디자인	최혜윤
발 행 처	(주)시대교육
공 급 처	(주)시대고시기획
출 판 등 록	제10-1521호
주 소	서울시 마포구 큰우물로 75 [도화동 538 성지 B/D] 9F
전 화	1600-3600
팩 스	02-701-8823
홈 페 이 지	www.sdedu.co.kr

I S B N	979-11-383-4310-7 (63410)
정 가	12,000원

시대교육이 준비한 특별한 학생을 위한, 최상의 학습 시리즈

안쌤의 사고력 수학 퍼즐 시리즈

①
- 17가지 교구를 활용한 퍼즐 형태의 신개념 학습서
- 집중력, 두뇌 회전력, 수학 사고력 동시 향상

안쌤의 STEAM + 창의사고력
수학 100제, 과학 100제 시리즈

②
- 영재성검사 기출문제
- 창의사고력 실력다지기 100제
- 초등 1~6학년, 중등

AI와 함께하는
영재교육원 면접 특강

⑧
- 영재교육원 면접의 이해와 전략
- 각 분야별 면접 문항
- 영재교육 전문가들의 연습문제

스스로 평가하고 준비하는 대학부설·교육청
영재교육원 봉투모의고사 시리즈

⑦
- 영재교육원 집중 대비·실전 모의고사 3회분
- 면접 가이드 수록
- 초등 3~6학년, 중등

※도서의 이미지와 구성은 변경될 수 있습니다.

수학이 쑥쑥! 코딩이 척척!
초등코딩 수학 사고력 시리즈

3
- 초등 SW 교육과정 완벽 반영
- 수학을 기반으로 한 SW 융합 학습서
- 초등 컴퓨팅 사고력+수학 사고력 동시 향상
- 초등 1~6학년, 영재교육원 대비

4

안쌤의 수·과학 융합 특강
- 초등 교과와 연계된 24가지 주제 수록
- 수학사고력+과학탐구력+융합사고력 동시 향상

5

안쌤의 신박한 과학 탐구보고서 시리즈
- 모든 실험 영상 QR 수록
- 한 가지 주제에 대한 다양한 탐구보고서

영재성검사 창의적 문제해결력
모의고사 시리즈

6
- 영재성검사 기출문제
- 영재성검사 모의고사 4회분
- 초등 3~6학년, 중등

SD에듀만의 영재교육원 면접
SOLUTION

영재교육원 AI 면접 온라인 프로그램 무료 체험 쿠폰

도서를 구매한 분들께 드리는
특별한 혜택

01 도서의 쿠폰번호를 확인합니다.

02 WIN시대로[https://www.winsidaero.com]에 접속합니다.

03 홈페이지 오른쪽 상단 영재교육원 **AI 면접 배너**를 클릭합니다.

04 회원가입 후 로그인하여 [**쿠폰 등록**]을 클릭합니다.

05 쿠폰번호를 정확히 입력합니다.

06 쿠폰 등록을 완료한 후, [**주문 내역**]에서 이용권을 사용하여 면접을 실시합니다.

※ 무료쿠폰으로 응시한 면접에는 별도의 리포트가 제공되지 않습니다.

영재교육원 AI 면접 온라인 프로그램

01 WIN시대로[https://www.winsidaero.com]에 접속합니다.

02 홈페이지 오른쪽 상단 영재교육원 **AI 면접 배너**를 클릭합니다.

03 회원가입 후 로그인하여 [**상품 목록**]을 클릭합니다.

04 학습자에게 꼭 맞는 다양한 상품을 확인할 수 있습니다.

언제든지 가볍게!

KakaoTalk 안쌤 영재교육연구소

안쌤 영재교육연구소에서 준비한 더 많은 면접 대비 상품
(동영상 강의 & 1:1 면접 온라인 컨설팅)을 만나고 싶다면
안쌤 영재교육연구소 카카오톡에 상담해 보세요.